新手也易做

零失败
绝对美味！

自家面包
烘焙教室

[日]吉永麻衣子◎著

白金◎译

海峡出版发行集团 福建科学技术出版社
THE STRAITS PUBLISHING & DISTRIBUTING GROUP FUJIAN SCIENCE & TECHNOLOGY PUBLISHING HOUSE

U0156149

一直以来，我都在推广一项活动——"让忙碌的家长们每天都可以轻松地烤出面包"。我创作了大量的面包食谱，并想把它们分享给更多的人，于是，我通过媒体开始了面包教学，并和全日本的"自家面包烘焙大师"一起开展"自家面包讲座"。

在这个过程中，我遇到了很多很多对面包烘焙感兴趣的朋友。有朋友激动地告诉我："我从来没有想过自己可以亲手制作出面包！这让我觉得自己也是个能干的妈妈，太开心了！"有一位朋友笑着对我说："我以前为了制作出复杂的面包，实在花费太多时间了，现在终于掌握了省时省力的方法！"还有一位妈妈对我说："要是早点学会做面包的方法就好了！我还想教给女儿！"收到这些反馈，我实在是太开心了。

说到面包烘焙，许多人会想到的是"花时间""体力活""怎么发酵？""要很多食材和工具"。

对于这些想法我也深有体会，因为第一次在面包教室学习的时候，我也有这样的问题。但是当我自己亲手做出了非常好吃的面包的时候，我发自内心地感动！

我是在上一份工作中学会了如何做面包的。结婚后，我生了 3 个男孩。想想进入到面包烘焙的世界已经 10 年了，我的生活逐渐有所改变，在这个过程中，面包烘焙已经从兴趣变成了我的日常。

制作面包前我会问自己："我所追求的是外形好看的面包吗？是想得到别人的夸奖，还是为了谁而制作呢？"想着这些问题让我有了自己的答案——外形粗糙一点也没有关系，自己选用安心的食材，在家轻松制作出来好吃的面包，这才是我的目标。

而且我相信，这也可以让我最重要的家人感到快乐。

现在我为大家介绍的就是这样的"自家面包"。

虽然面包吃下去就没有了，但是味道会深深留在重要的人的记忆里。这会成为将我和下一代紧密连接在一起的纽带，我认为没有比这更开心的事了。

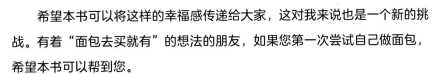

　　希望本书可以将这样的幸福感传递给大家，这对我来说也是一个新的挑战。有着"面包去买就有"的想法的朋友，如果您第一次尝试自己做面包，希望本书可以帮到您。

　　在我以前写作的书中，为了让大家觉得做面包是一件"简单"的事，我尽量提炼内容，缩减步骤图和文字数量，使食谱变得简单。

　　但是在这本书中，我还会将以前没有写过的东西仔细告诉大家。从未制作过面包的朋友，请放心，我相信这本书定会让您体会到烘焙的乐趣。

　　另外，一直以来热爱"自家面包"的朋友也可以从这本书中了解很多宝贵的诀窍，对烘焙有更深层次的理解，从而丰富自己的烘焙经验。

　　希望做"自家面包"可以像做饭一样，成为大家日常生活的一部分。

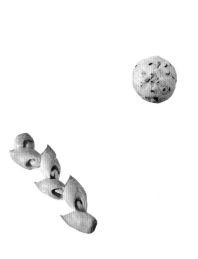

吉永麻衣子

目 录

Part 1 最基础的制作方法
"预切面包"制作法

Part 2 用基础面团做面包店款
人气面包快速出品！

Part 3 再加一些**用内容丰富的面团做点心面包**

Part 4 和米饭一样的主食面包

Part 5 玩乐篇
更多自由度的自家面包烘焙的10个挑战

好做又好吃的理由

我一直努力思考，如何让每日忙碌的人们在家也能轻松地做出新鲜好吃的面包。于是有了麻衣子流派的"预制面包法"。在追求简单的过程中，我遇见了真正的美味。

没有烤箱也可以做哦！

1 迷你烤箱或平底锅也行

做面包一定要用烤箱吗？相信很多人都会问这个问题。本书中除了用烤箱，还介绍用迷你烤箱、平底锅、烤鱼架这几种常见厨房器具制作面包的方法。大家可以轻松尝试一下！

不需要揉面！搅拌即可！

2 准备工作简单！厨房也不会弄脏

揉面往往需要熟练的技术，但本书制作面团时，只要将面粉和其他材料快速地混合起来就可以送去发酵。工具只需要碗、保鲜盒和橡胶铲（饭勺也行）！当然，如果想要更松软的口感，可以在面团发酵前好好揉一揉。须留意的一点是，要防止面团在发酵后变干。

在冰箱内发酵至蓬松！

3 在低温中慢慢发酵的面包会很好吃哦！

"面团的发酵就交给冰箱吧！"这就是麻衣子流派"预制面包法"的基本。不需要管理温度，只要在低温中进行8小时以上的成熟发酵就好了。这种方法十分简单，也不会失败。面团整形时是低温的，也大大减少了面团粘手的烦恼。在家吃现做面包，"冰箱预制"是我认为最好的方法！

想吃的时候随时新鲜出炉！

4 享用最棒的幸福早餐

一次做好"预制面包"的面团，放进冷藏室或冷冻室中保存。想吃时，切下需要的分量，拿去烤就可以了。这样，早餐也可以吃到新鲜出炉的面包了。"已切面包"不需要整形！大家可以尝试用平底锅烤，就像煎鸡蛋一样简单。

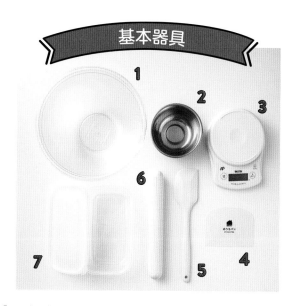

用家里的器具就行

基本的器具和食材

下面介绍在"自家面包"制作中带来方便的器具，以及必备的食材。

基本器具

将面包做出各种形状的工具

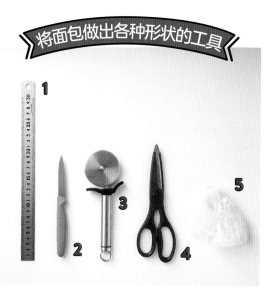

1 大碗
混合粉类材料，以及揉面团时使用。

2 小碗
混合水和酵母粉时使用。推荐口径 10cm 左右的碗。

3 烘焙用电子秤
用于称食材重量，单位可以精确到克。

4 切面刀
切面团时使用。如果没有，也可以用菜刀代替。

5 橡胶铲
搅拌面团时使用。如果没有，用饭铲也可以。

6 擀面棍
擀面团时使用。

7 保鲜盒（800ml）
面团进入冷藏室发酵前，需要先装进保鲜盒，盖上盖子。普通的保鲜盒就行。

1 不锈钢直尺
用于测量面团尺寸。不锈钢质地的更加便于清洗。

2 划口刀
在面团上画出花纹时使用。

3 披萨滚轮刀
切面团时使用。

4 厨房用剪刀
制作法式麦穗面包时，需要用剪刀剪出麦穗的形状。剪其他食材时也会用到。

5 浴帽
发酵面团时，将浴帽罩在碗上可以防止面团干燥。

橡胶铲可以用饭铲替代，用身边有的工具来制作面包就好！

准备食材时，只要记住 Ⓐ 粉类材料、Ⓑ 水类材料、Ⓒ 油脂这 3 点就够了。制作甜面团或酥皮面包的面团时，需要在 Ⓑ 中加入鸡蛋。有时也会用酸奶或豆奶代替 Ⓑ 中的牛奶。

基本食材

Ⓐ 粉类材料

Ⓒ 油脂

Ⓑ 水类材料

1 高筋面粉
含麸质（蛋白质）较多的高筋面粉用来制作面团。还可以用作扑面。

2 盐
盐可以使面团更加紧实，激发出面粉的香味。用自然盐或精盐都是可以的。

3 糖
本书中使用的是蔗糖，大家根据自己的喜好来选择就 OK。糖在发酵面团和增加甜度时会使用到。

4 速发干酵母
发酵面团的必需品。最好使用一包新的酵母粉，开封后需要放进冰箱保存。

5 牛奶
加入牛奶的面包更容易烤出颜色，味道也会更加香浓（换成豆奶也可以）。

6 水
可以激发出高筋面粉中的麸质。

7 黄油
黄油可以使面团的可塑性更强，还可以增加面包的香味。可以根据自己的喜好选择含盐黄油或不含盐黄油。

本书的使用方法

● 本书中使用的高筋面粉是经常可以买到的由外国产小麦制成的粉。如果使用蛋白质（麸质）含量较低的日本产小麦制成的粉的话，烤出的面包会略有不同（详见下文）。

● 需要使用速发干酵母。

● 糖使用的是蔗糖，盐使用的是天然盐。可以根据自己的喜好选择糖和盐。鸡蛋使用的是 M 号中等大小的。

● 黄油使用的是含盐黄油，也可以用不含盐黄油代替。

● 烤面包的时间为大致时间。烤面包的机器可以选择电烤箱、迷你烤箱、烤鱼架或者平底锅。不同食谱使用的机器会有不同，而每种面包推荐使用的机器会在具体的食谱中介绍。不同机器烤面包的时间也不同，因此须根据实际情况调整。

● 可以使用烤鱼架制作面包。本书中介绍的是使用双面烤鱼架的烤制时间，如果使用单面烤鱼架的话，在按照规定时间烘烤后，翻面查看并根据实际情况进行调整，可以再多烤 2 ~ 3 分钟。

● 平底锅使用的是带有锅盖的不粘锅。如果使用铁锅的话，可以铺一张涂上油的铝箔纸。烤箱的烤盘也可以用同样的方法铺上一张铝箔纸。

● 如果使用烤鱼架或迷你烤箱的话，因为食材离火源较近，可能会烤焦。在烘烤过程中，可以包上一层铝箔纸避免烤焦。

● 烤箱必须进行预热。

● 如果使用模具的话，放入面团前，可以在模具内壁涂上油或黄油。

● 室温默认为 20 ~ 25℃。

● 本书中制作的面团也可以冷冻保存。

> 如果你用得习惯，也可以用本地小麦面粉制作

不同产地小麦磨成的面粉的区别

春风牌、春恋牌面粉原料使用的是日本产小麦，而日清的山茶花强力小麦粉、NIPPN鹰牌高筋小麦粉等使用的是其他国家产小麦，这两者究竟有何区别呢？关键就是蛋白质（麸质）和矿物质（风味）的不同。

日本产小麦

麸质较少，矿物质较多

▼

可以制作出小麦味道浓郁的面包，不容易做出体积较大的面包

北美产小麦

麸质较多，矿物质较少

▼

可以做出体积较大的面包，但味道比较清淡

掌握这个
就能做出面包!

Part 1

烤前切好

最基础的
制作方法

"预切面包"
制作法

最基础的

来制作
预先切好的面包

"预切面包"
恐怕是这个世界上
制作方法最简单的面包了。
把面团和好，面团发酵就交给冰箱。
不需要做出形状！
想吃的时候，
取出面团切成小块，再烤熟就可以了。

食材（约45g，可做8个）

A | 高筋面粉 … 200 g
盐 … 3 g
白砂糖 … 14 g

B | 牛奶（放至室温）
… 100 g
水 … 40 g
速发干酵母 … 2 g

C | 黄油（在室温下软化好）
… 10 g

包上保鲜膜，用手搓揉也能软化！

Step 1 基础的**面团成形**

混合材料

初次使用面粉的时候，可以先加入九成水量，其余水量视情况，用于调整

水类材料与酵母粉混合

将 B 中的牛奶和水倒入碗中。
倒入酵母粉，它会展开在水面。
等酵母粉下沉，大约要 1 分钟。

将粉类材料快速混合

将 A 中的材料放入一个大碗，
用橡胶铲快速搅拌均匀。

将水类材料倒入粉类材料中

1 的酵母粉从液面上完全沉下去后，
倒入 2 的粉类材料里。

Step 1 面团成形

搅拌均匀

4

用橡胶铲搅拌

用橡胶铲快速搅拌至黏稠。

5

和成一个面团

最后用手将面粉和成一个面团。

6

放上黄油

在和好的面团上放上一块黄油。

不想面粘在手上该怎么办呢？

Answer!

在面粉和成团之前，都使用橡胶铲或切面刀来做就可以了。

用手揉2～3分钟

一边转碗，一边从
各角度揉面

揉捏面团至黄油均匀混合

用手揉捏面团至黄油与面团均
匀混合在一起。

用拳头揉面团

将面团对折，打一拳。左手转
动碗，右手重复这个动作。

将面团收圆

待黄油融入面团，面团也不再
黏腻时，将面团材料收拢在一
起。

以前，我看妈妈和面时，
又揉又敲打面团，似乎
很费力啊。

Answer!

揉面2～3分钟就可以
了。用拳头来揉面就不会
感觉黏糊糊的。

Step 2 发酵

交给冰箱吧

10

将面团放入保鲜盒

将和好的面团放入有盖子的大保鲜盒中。（图片中的容器为长 20.4cm × 宽 12.7cm × 高 5.8cm，容积 800ml）

11

盖上盖子，放进冰箱

将保鲜盒盖上盖子，放进冰箱的冷藏室。

12

冬天放进冰箱的蔬果室也可以！

发酵后的状态

冰箱内的温度在 7℃ 左右，放置 8 小时，醒发后的面团会膨胀到 1.5 ~ 2 倍。

如果是蔬果室的话，温度会高一些，所以醒发速度会更快。

Point!

在保鲜盒里涂上一层油，会更容易取出面团。

怎样才算醒发好了呢？

Answer!

即使没有膨胀很多，只要放了 8 小时就可以！可以切开放进烤箱了。

Point!

发酵前后对比，大概会膨胀到 1.5 倍。

Step 3 分切

根据需要分切面团

13 » 14 » 15

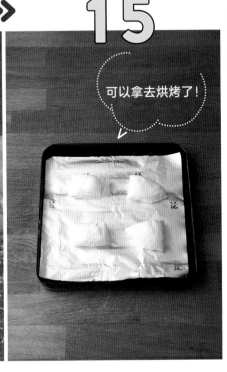

可以拿去烘烤了!

按需切取面团

取出面团,用切面刀切下需要的量。剩余的面团重新收圆,放入冰箱。

切成喜欢的大小和形状

用切面刀按照喜欢的大小和形状切面团。

将切好的面团放入烤盘

在烤盘上铺一层吸油纸或者表面有加工的铝箔纸(普通铝箔纸表面薄刷一层油也可以),然后有间隔地摆放面团。

Point!

取出面团时,为了避免粘在台面,可以撒一点面粉(高筋粉/配方外)。

只要切开面团就好,不需要团成圆形吗?

Answer!

如果是新手的话,尽可能不要过度触碰面团,只要切开就好了。

发酵后的面团比较"敏感",注意避免过度触碰,以及让表面变干哦!

Step 4 烘烤

没有烤箱也可以

 迷你烤箱

在烤盘上铺一层铝箔纸，放上面团。不需要预热，用 1200W 烤 8 分钟。为了防止面包烤焦，也可以再盖上一层铝箔纸。

离热源较近的面包容易烤焦，所以可再盖上一层铝箔纸。

 烤箱

在烤盘上铺一层吸油纸，放上面团。烤箱需要预热，用 180℃烤 15 分钟。

因为烤箱内空间较大，热气可以很好地流动，烤出的面包也会很蓬松。

需要预热。

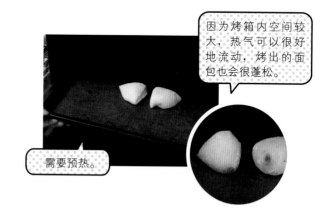

 平底锅

可以直接使用不粘锅；或是用铸铁平底锅，铺上一层吸油纸后再放上面团。已切块的面团可以直接烧熟，但要获得松软的口感则这样做：盖上锅盖，大火烧 20 秒，关火，焖 15 分钟；然后开小火，烧 7 分钟，翻面，再烧 7 分钟。

面包内部松软，外皮焦香。本书还会介绍很多用平底锅烧面包的方法哦。

 烤鱼架

在烤架上铺一张表面有加工的铝箔纸或涂了一层薄油（配方外）的铝箔纸，放上面团。双面加热时，用中火烤 4 分钟即可，单面加热时，面团上下翻转后再烤 3 分钟。为了防止面团烤焦，可以再盖上一层铝箔纸。

因为离火源较近，所以面包外部会烤至焦香，而里面则会松软。推荐用烤架来烤披萨（p.32）。

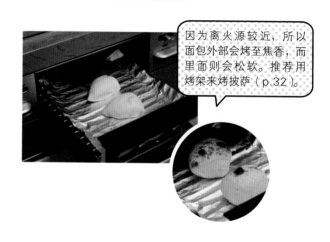

都很好吃!

4种烘焙方法的效果差异

4种烘焙方法会因为面包的种类和大小而有各自的优、缺点,大家熟悉这些方法后可以试着区分使用!对于初学者,也很推荐用平底锅来试一试!

平底锅

盖上锅盖,锅内会聚集水蒸气,做出的面包里面松软,外皮焦香,外形比较平整。

迷你烤箱

这是个万能工具,可以轻而易举烤出面包,不易失败。要注意的是防止面包烤焦,这一点可以通过铝箔纸来调整。

烤鱼架

可以烤出非常好吃的面包。快速的升温使得面包的外皮十分酥脆!推荐用烤鱼架烤比较薄的面包,特别是披萨!

烤箱

容腔大,既能发酵也能烘烤,成品效果比较稳定。但要注意充分预热!

想要早点烤的时候，该怎么办？

将面团放进冰箱，低温发酵 8 小时，更能激发出面团的香味。在这里给大家介绍一些缩短发酵时间、可以更快吃到面包的诀窍。

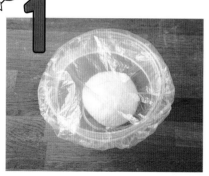

室温发酵

酵母在接近 40℃时是最活跃的。想尽快发酵面团，可以给和好的面团套上一个浴帽，或者盖上保鲜膜，在室温下进行发酵。夏天需要 30 ~ 40 分钟，冬天则需要 1 小时左右。当面团膨胀至 1.5 ~ 2 倍时就可以了。

隔水加热

冬天时室温比较低，将碗放进 40℃左右的热水中，碗会浮在水中。水变凉后需要换上热水以维持温度。发酵进度受室温影响，当面团膨胀至 1.5 ~ 2 倍时就可以了。

POINT 3

使用保温锅

比方法 2 更简单的方法是使用保温锅。在锅内倒入 40℃的热水；将面团装进塑料袋，再放入锅内，然后盖上锅盖就可以发酵了。这个方法更加简单，水温也不会变凉。

POINT 4

使用烤箱的发酵功能

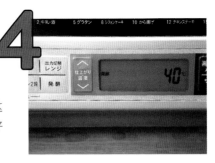

用烤箱的发酵功能，将温度设置在 40℃左右，然后把面团放入烤箱，发酵 40 ~ 50 分钟。这个方法不受室温的影响，可以稳定地制作出好吃的面包。

Plus Idea!

记住酵母粉的分量！

每次都给酵母粉称重是很麻烦的，我们可以使用2g、3g 的计量勺，记住一次需要的分量，下次做的时候就不用再称重了。酵母粉加多了一些也没有关系，慢慢你就会掌握制作面包所需的分量。注意不要使用陈旧的酵母粉。怎样检测酵母粉是否新鲜呢？可以将一点酵母粉倒入热水，如果酵母粉位置咕嘟咕嘟冒泡，就说明是新鲜的。

称出一次需要的量
做成"分袋装"，使用很方便！

做面包，有时候忙起来会觉得称重很麻烦。可以将基本粉类材料按一次用量分装进保鲜袋，想做面包的时候，拿出一袋来直接和面就可以了。注意要放在冰箱冷藏保存。

向面团中混入馅料的方法 "千层酥式"！

制作松软好吃的面包的秘诀是，手不要过多地接触面团。
像 p.24 那样的面包拌馅时就会面临这个问题。
下面就介绍不再让人感到黏糊糊的"千层酥式"拌馅法。

完成 p.13 ~ 15 所示的基础面团成形、做到步骤 **9** 后，将馅料全部撒到面团上。

用切面刀将面团 2 等分后将两部分叠在一起，再从上往下压平。

再用切面刀将面团 2 等分，继续按步骤 **2** 重复操作。

会有葡萄干掉出来，将它们放到面团上，然后双手拿住面团的两端拉伸，再在底部合拢，如此重复，让葡萄干卷进面团里。

重复过程中，不断将面团旋转 90 度再拉伸。一直做到食材全部包到面团里。

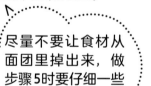

尽量不要让食材从面团里掉出来，做步骤5时要仔细一些哦！

用手掌将面团表面封口，将面团接口朝下放入保鲜盒，即进入步骤 **10**（p.16）的发酵进程。

可以常备的
速冻面包

面团一般可以冷藏保存 3 ～ 5 天，冷冻的话可以保存 1 个月的时间。想吃面包的时候，随时从冰箱里拿出，可以非常轻松地烤出面包。从冰箱拿出面团解冻后，还可以加上各种配料。当家里没有现成的面包时，或者忘记准备晚餐主食的时候，有了"速冻面包"就会变得十分方便。

想吃的时候，可以用以下的方法烘烤

将面团切成合适的大小，放进浅口的保鲜盒内。注意每小块面团之间要留出一些空隙，防止粘连。然后送入冷冻室。

面团冻硬后可以移到袋子中保存，这样可以节省冰箱的使用空间。

● 将面包从冷冻室拿出来直接烤
● 待面团自然解冻，再加上配料烤
● 用微波炉加热解冻，再加上配料烤
● 以冷冻状态直接油炸

Plus Idea!

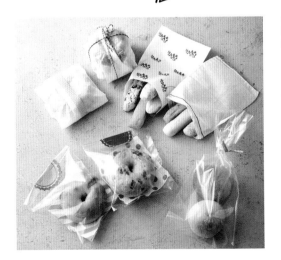

用包装袋
做成礼物，或外出时的零食

烤好的面包放凉后，可以装进食品用透明袋或蜡纸袋里，一下子就有了咖啡馆的洋气感觉。
将其作为礼物、午餐或外出时的点心，都是不错的选择。

高人气的 带馅预切面包配方

孩子们喜欢的
玉米粒

加入满满的
巧克力碎

和便当很配的
培根

培根要切得小一些！

材料（可做4个）

基础面团（p.13~16）
…一半量
巧克力碎…50g

材料（可做4个）

基础面团（p.13~16）
…一半量
玉米粒…50g

材料（可做4个）

基础面团（p.13~16）
…一半量
培根…50g

均匀混合配料的方法
见p.22，烤面包的方
法见p.18

尽量不要把
豆子捣碎

焦香的

芝士

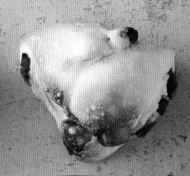

加入饱满的

还可以做出和风面包！

葡萄干

甜纳豆

⌄⌄

⌄⌄

⌄⌄

材料（可做4个）

基础面团（p.13~16）
…一半量

葡萄干…50g（洗净后用
纸巾擦干）

材料（可做4个）

基础面团（p.13~16）
…一半量

芝士（粗略切碎）
…50g

材料（可做4个）

基础面团（p.13~16）
…一半量

甜纳豆…50g

25

只是改变了切法，就好拿&方便食用的

小条面包

maiko's point!

小条面包只是改变了切块面包的切法，食用起来非常方便。既可以作为零食，也可以作为简餐。一直是孩子们的最爱。请一定尝试一下 p.28 的做法！

原味

菠菜

海苔

南瓜

可用于野餐或者学校外出活动

(原味)

材料（可做6~7条）

| 基础面团（p.13~16）···一半量

1

用擀面棍将面团擀至 7mm 厚。

2

用切面刀将面团按 7 等分做标记。

3 （分割）

将面团切开。

4

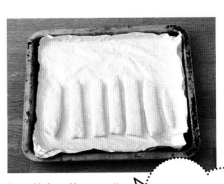

摆入烤盘，静置 20 分钟（最后发酵）后送去烘烤，或直接送去烘烤。

如果不急着烤，面团放置20分钟（最后发酵）后就会变得蓬松。直接烤也可以！

maiko's point!

5 （烘烤）

 迷你烤箱
不用预热，用 1200W 烤 7 分钟。

 一般烤箱
预热后，用 180℃烤 12 分钟。

平底锅
盖上锅盖，用大火加热 30 秒，关火静置 15 分钟，再以小火将上下两面各烤 7 分钟。

maiko's point!

放入冰箱的一次发酵是以面团发酵成熟为目的，而最后发酵是为了使面包的口感更加松软

南瓜

海苔

原味

菠菜

maiko's point!

在婴儿吃断乳食的初期，可以将面包撕成小块来喂；过了初期以后，可以让宝宝自己手拿，练习用手抓食！

撒上芝士粉，也可以作为大人的零食！

可以自由改良

百变小条面包
添加南瓜、海苔、菠菜

材料（可做6~7条）			
（ 3种共通 ）	**（ 南瓜 ）**	**（ 海苔 ）**	**（ 菠菜 ）**
高筋面粉…100g 盐…1g 糖…5g 速发干酵母…1g 黄油…5g	牛奶…60g 冷冻南瓜（解冻后捣碎） …30g	牛奶…20g 水…50g 海苔…小勺1/2勺	牛奶…45g 冷冻菠菜（切碎）…30g 芝士粉（按喜好添加） …适量
	在制作基础面团（p.13 ~ 16）步骤 **1** 的酵母液中加入南瓜，搅拌均匀后再进入到步骤 **2**。	在制作基础面团（p.13 ~ 16）步骤 **2** 的粉状食材里加入海苔，搅拌均匀后再进入到步骤 **3**。	在制作基础面团（p.13 ~ 16）步骤 **1** 的酵母液中加入菠菜，搅拌均匀后再进入到步骤 **2**。烘烤前可以按喜好撒上芝士粉。

Part 2

用基础
面团做

面包店款

人气面包
快速出品!

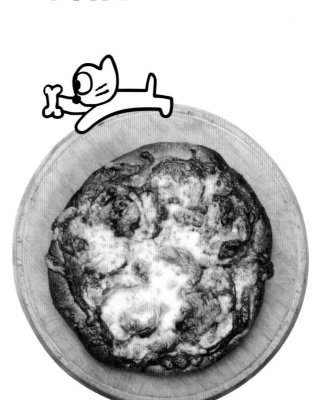

圆面包

maiko's point!

圆面包的成形是不容易的，要慢慢地进行最后发酵※哦！

maiko's point!

※ 什么是最后发酵？指在面团成形后静置一段时间，这样烤后的面包会更加松软

材料（可做8个）

面团
基础面团（参照p.13～16）
　…全量

1 分割

先取基础面团的一半，再切 4 等份。

maiko's point!

 先将面团的一半进行成形操作，这样可以防止面团变干

4

接口朝上，用手指捏合。

2 成形

将面团切口朝上，对折。

5 发酵

maiko's point!

大约膨胀到1.5倍就可以！

将面团接口朝下放入烤盘，扣上碗，放置 20 分钟（室温低的话30分钟）。对其余的面团同法处理。

3

用中指从前侧向里卷滚面团。然后将面团旋转 90 度，再对折，如此重复步骤 **2** 及 **3**，重复 3 回。

6 烘烤

 迷你烤箱
不用预热，用 1200W 烤 7 分钟。

 烤箱
预热后，用 180℃烤 15 分钟。

披萨

Maiko's point!

面团很难擀开的时候，让它休息一会儿

Maiko's point!

谁规定披萨一定是圆形的？只要面团厚度是 5mm，什么形状都 OK

材料（可做2个）

面团
基础面团（参照p.13～16）
　…全量

配料
青椒（切片）、番茄（切片）、萨拉米香肠、
披萨用芝士、番茄酱…适量

with these

---

1 分割

先取基础面团的一半，将这半面团的
边缘收拢到中央，用手指捏合。

2

接口朝下放置。

3 成形

用擀面棍将面团擀
成直径 20cm、厚
度 5mm 的面饼。

Maiko's point!

从面团的中央向上下、
左右各方向擀

4

放入烤盘，用叉子均匀地叉一些孔。

5

Maiko's point!

只要有芝士就可
以，其他配料可
以自由选择

在面饼上涂一层番茄酱，然后依次放
上蔬菜、香肠、芝士。对其余的面团
同法处理。

6 烘烤

 迷你烤箱
不用预热，以 1200W 烤 7 分钟。

 烤箱
预热后，以 250℃烤 10 分钟。

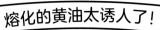

熔化的黄油太诱人了！

盐面包

‖ Maiko's point! ‖

撒在上面的盐推荐使用岩盐，卷进面团中的黄油推荐使用含盐黄油

材料（可做4个）

面团
基础面团（参照p.13~16）
…一半量

馅料
含盐黄油…5g／1个｜岩盐…适量

基础面团

maiko's point!

卷得松一些的话，就能做出蓬松的盐面包

1

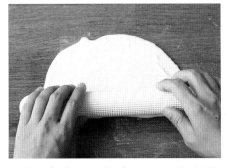

用擀面棍将面团擀成5mm厚的半圆形。

maiko's point!

快卷完时，在接口处沾一点水，帮助面团黏合。

4

将底边的黄油卷进面团中。

2 分割

用切面刀将面团4等分切，形成等腰三角形。

5 发酵

放入烤盘，用碗等覆盖，静置20分钟，然后撒上岩盐。

3 成形

在等腰三角形的底边上放一条黄油。

6 烘烤

 迷你烤箱
不用预热，以1200W烤10分钟。

 烤箱
预热后，以200℃烤13分钟。

咖喱面包

试着用喜欢的咖喱制作

不油炸

这个有点失败，如果没有包好就进入最后发酵的话，咖喱会流出来

maiko's point!

如果用剩余的咖喱来做，可以加入煮过的芋头泥，放到锅里调整到能扯出筋的程度

材料（可做4个）

面团
基础面团（参照p.13~16）
…一半量

配料
肉末咖喱※…30g／1个
面包粉…适量
欧芹碎…适量

※ 编者注：肉末咖喱产品可能不好买到，但读者可以自己做：将肉末和洋葱翻炒，加入适量水和咖喱块继续煮，至水分收干、凝固即可。

---

1 分割

将基础面团切成 4 等份。切口朝上，用手按压平整。

2 成形

用擀面棍将每块面团擀成直径 10mm 的圆形面饼。

3

不要沾到面饼边缘

maiko's Point !

面饼边缘如果沾上了咖喱，面团在烘烤过程中就会破开，这一点需要注意

在面团中央放上咖喱馅料。

4

包的时候咖喱如果粘到手，就马上清洗

用手捏起面饼边缘，包成球形。→用平底锅做的话，直接进入步骤 6

5 发酵

maiko's Point !
欧芹碎在烤完后放，颜色会更加好看

将有接口的一面朝下放入烤盘，用碗等覆盖，静置 20 分钟。在面团表面沾一些水，然后撒上面包粉和欧芹碎。

6 烘烤

🔲 **迷你烤箱**
不用预热，以 1200W 烤 10 分钟。

🔲 **烤箱**
预热后，以 180℃烤 15 分钟。

🍳 **平底锅**
盖上锅盖，用大火加热 30 秒，关火静置 15 分钟。然后开小火将每面各烤 7 分钟。

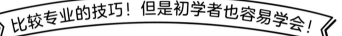

比较专业的技巧！但是初学者也容易学会！

麦穗培根面包

Maiko's Point!

剪刀使用的方式决定了麦穗面包的帅气程度

Maiko's Point!

除了培根，搭配黄油、奶油奶酪、明太鱼子也会很好吃

材料（可做2个）

面团

基础面团（参照p.13~16）
…一半量

馅料

培根…1片／1个
黄芥末粒…适量／1个

with these

1

分割

用擀面棍将面团擀成20cm长的椭圆形，然后用切面刀竖着切成2等份。

2

成形

在面饼上放上培根，再用擀面棍擀平。

3

在培根上挤上黄芥末粒。

4

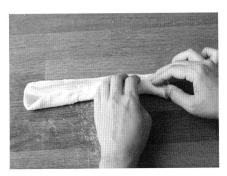

将面饼按细长条卷起，包裹住培根，并捏紧接口处。

Maiko's point!

斜着剪可以让麦穗形状更加明显！

5

发酵

将面团接口面朝下放入烤盘，用碗等覆盖，静置20分钟。然后用剪刀斜着剪开面团，深度约2cm，不要剪断；再一左一右摆开。

6

烘烤

 迷你烤箱

不用预热，用1200W烤7分钟。

 烤箱

预热后，以200℃烤15分钟。

英式玛芬面包

|| maiko's point! ||

用平底锅将两面烤出焦黄，会很好吃哦！不需要担心形状的好坏

材料（可做4个）

面团
基础面团（参考p.13~16）
…一半量

配料
玉米粉…适量

with these

1 分割

将面团切成 4 等份。

2 成形

面团切口朝上，向前对折，再用手指从前侧向里卷滚面团；然后将面团旋转 90 度，再重复前面对折与卷滚的操作，如此重复 3 回。

3

接口朝上，用手指捏紧。

4

‖ maiko's point! ‖

形状绝对不会失败！

将面团粘满玉米粉。

5 发酵 烘烤

‖ maiko's point! ‖

推荐使用不粘锅，如果使用铁锅的话，需要铺上一层铝箔纸再烤

将面团接口朝下放入平底锅，盖上锅盖，大火加热 30 秒，然后关火静置 15 分钟。

6 平底锅

最后发酵完成后，每面再烤 7 分钟，烤时盖着锅盖。

香肠面包
火腿芝士面包

|| MAIKO'S POINT! ||

学会成形的方法后，也可以再尝试其他的配料!

|| MAIKO'S POINT! ||

很受孩子们的欢迎。用他们喜欢的香肠和火腿来做，味道就像面包店里买的一样!

香肠面包

材料（可做3个）

面团
基础面团（参照p.13～16）
…一半量

配料
香肠…1 根 / 1 个
蛋黄酱…适量　番茄酱…适量

with these

maiko's point!

将面团做成环形，在烘烤的时候面团不会过于膨胀，所以上面的配料也会更加稳定

1

用擀面棍将面团擀成厚约 7mm 的长方形。

2 分割

用切面刀切成 3 等份。

3 成形

将一份面团竖着切开，其中一端保留 1cm 不要断开，然后展开成数字 3 的形状。

4

用手指将两端捏到一起。用手指将分离的一端的两头捏住，粘到一起。

5
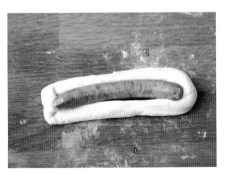

在面团中央放上香肠，然后放入烤盘，挤上蛋黄酱和番茄酱。其余面团也照同样的方法处理。

6 烘烤

 迷你烤箱
不用预热，以 1200W 烤 10 分钟。

 烤箱
预热后，以 180℃烤 15 分钟。

火腿芝士面包

材料（可做4个）

面团	配料	披萨用芝士…7g／1个
基础面团（参照p.13~16）	火腿…1片／1个	欧芹碎…适量
…一半量		

1 分割 成形

将面团切成4等份。切口朝上对折，用手按压平整。

2

在面团上放上火腿，用擀面棍朝上下、左右方向擀平。

3

卷起面团，然后捏紧接口处。

4

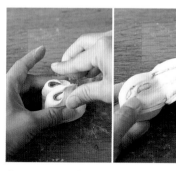

将面团的两端对折在一起，用手捏紧。再翻过来对另一侧的弯曲面用刀子切开，然后展开。

5 发酵

放入烤盘，以碗等覆盖，静置20分钟后，撒上芝士和欧芹碎。

6 烘烤

 迷你烤箱
不用预热，以1200W烤10分钟。

 烤箱
预热后，以180℃烤15分钟。

+鸡蛋
+糖
+牛奶

Part 3

再加一些

用内容丰富的面团做点心面包

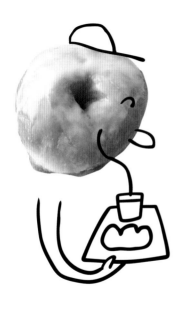

适合进阶者

用甜面团
制作点心面包

甜面团基本食材

A 高筋面粉…150g
低筋面粉…50g
糖…20g
盐…3g

B 鸡蛋1个 + 牛奶
…共140g
速发干酵母…2g

黄油…15g

1

每个鸡蛋的重量存在差异，可以适当调整牛奶的用量，一共是140g就行

在碗中打一个鸡蛋，加入牛奶，一共 140g。

2

倒入速发干酵母。

酵母粉在蛋液中不易溶解，所以要将酵母粉倒入牛奶中

3

在另一个碗中倒入 A 中的食材，搅拌均匀。

4

步骤 2 的酵母粉下沉后，用叉子搅拌那个碗中的食材。

5

将 4 中的食材倒入 3。

6

因为甜面团中的糖比较多，还加入了低筋面粉，所以面团会更黏一些。与基础面团相比，制作甜面团更适合有一定烘焙经验的人

用橡胶铲充分搅拌。

7

加入低筋面粉，充分揉和面团,最后充分发酵，这些都是让面团蓬松的关键

用拳头揉面团。

8

将黄油放到面团上，再用手充分揉面团。

9

Maiko's point!

摔打面团的步骤，也是更适合有一定烘焙经验的人

用手攥紧面团，朝碗中摔打，再将面团对折起来。将这个步骤重复数次。

10

和好面团后，放入涂有黄油的保鲜盒内。

11

盖上盖子，放入冷藏室，放置 8 小时以上。

12

8 小时后，面团会膨胀至这个程度。

用热狗面包胚做

掰开刚烤好的面包，芝士会拉丝哦！

芝士热狗

Maiko's Point!

芝士的量可以根据喜好调整

Maiko's Point!

热乎乎地吃，芝士会变长哦！

用汉堡面包胚做

汉堡包

maiko's point!

可爱的小汉堡可以
用来办派对

芝士热狗

材料（可做3个）

面团
甜面团（参照p.46~47）
…一半量

馅料
手撕芝士条…⅓根 / 1 个

---

1 分割

将甜面团切成3个相同大小的长方形。

2 成形

将芝士条放到面团中央，然后将面团底边向中央拉伸至覆盖芝士条。

3

面团另一侧也用同样的方法覆盖住芝士条。

4

将面团上下对折，用手指捏紧接口。平底锅烘烤直接到步骤 **6**

5 发酵

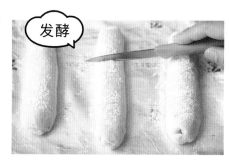

面团接口朝下放入烤盘，以碗等覆盖，静置 20 分钟。撒上扑面（配方外），用刀划出几道横纹。

6 烘烤

 迷你烤箱
不用预热，以 1200W 烤 10 分钟。

 烤箱
预热后，以 180℃ 烤 15 分钟。

 平底锅
盖上锅盖，用大火加热 30 秒，关火放置 15 分钟。然后再将上、下两面各烤 9 分钟。

汉堡包

材料（可做6个）

面团
甜面团（参照p.46~47）
…一半量

配料
番茄、生菜、肉饼、番茄酱
…适量

∥ maiko's point! ∥

面团最后发酵时，到手指轻戳后可以回弹，体积膨胀至1.5倍就可以了

---

1 分割

将甜面团切成 6 等份。

2 成形

面团切口朝上，向前对折起来。

∥ maiko's point! ∥

把各种形状的面团都整成圆形

3

用中指从前侧向里卷动面团。旋转 90 度后对折，如此重复步骤 **2** 及 **3**，重复 3 回。

4

用手指捏紧收口。
→平底锅烘烤直接到步骤 **6**。

5 发酵

∥ maiko's point! ∥

晃动烤盘，面团也轻轻晃动的话，就发酵好了。冬天放置时间可以更长一些

面团接口朝下放入烤盘，以碗等覆盖，放置 20 分钟。

6 烘烤 夹入食材

 迷你烤箱
不用预热，以 1200W 烤 7 分钟。

 烤箱
预热后，以 180℃烤 12 分钟。

 平底锅
盖上锅盖，用大火加热 30 秒，关火放置 15 分钟。然后再将上、下两面各烤 7 分钟。

51

菠萝包
（原味、巧克力味）

maiko's point!

菠萝包有各种各样的外貌，试着做一做吧！

很有人气！原味就很好吃

材料（可做6个）

面包面团
甜面团（参照p.46~47）
　…一半量

酥皮面团
低筋面粉…100g
黄油（放至室温）…45g
砂糖…45g
打好的蛋液…23g
香草精…少许
巧克力碎…适量

with these

制作酥皮面团

1  把黄油放入碗中，用打蛋器打至絮状，再一点点地加入砂糖搅拌均匀。

2  将蛋液一点点倒入，搅拌均匀。

3  加入香草精，搅拌均匀。

4  加入低筋面粉，用橡胶铲搅拌至没有浮粉。

5  用保鲜膜包住面团，调整至10cm长的柱状，放入冰箱冷藏30分钟以上。

（保质期／冷藏3天，冷冻1个月）

制作面包面团

6 分割  将甜面团切成6等份（原味和巧克力味面包共6个）。

7 成形  面团切口朝上，从里侧向前卷起、对折。

8  用中指从前侧向里卷动面团。

9  用手指捏紧收口。其余面团按照同样方法做。

原味菠萝包

A 酥皮面团成形

1

从冰箱中拿出酥皮面团，揭开保鲜膜，做 6 等分印记。

2 切开

将面团切 6 等份，分别包上保鲜膜，用手按压平整。

3

用擀面棍将酥皮面团擀平至可以包裹住面包面团。

4 分割

打开保鲜膜，放上 1/6 量的面包面团。

5

上下翻转，使酥皮面团覆盖到面包面团上，然后轻轻压住边缘。

6

在面团表面沾一层砂糖（配方外）。

7

用切面刀将面团表面压出格子痕迹。

8 发酵

另 2 个面团也用同样的方法制作。在烤盘上静置 20 分钟。

9 烘烤

🔲 **迷你烤箱**
不用预热，以 1200W 烤 10 分钟。
注意不要烤焦，烘烤时可以覆盖一层铝箔纸。

🔲 **烤箱**
预热后，以 180℃烤 18 分钟。

‖ *Maiko's point!* ‖
面包烤好后，表面的砂糖很脆、很好吃

54

巧克力味菠萝包

接在 p.54 的 **A** 酥皮面团成形的 3 个步骤后

Maiko's point!

巧克力味菠萝包也很简单

4 成形

打开保鲜膜，撒上巧克力碎。

7

上下翻转，使酥皮面团覆盖到面包面团上，然后轻轻压住边缘。

5

再包上保鲜膜，用擀面棍擀平至巧克力碎融进面饼。

8 发酵

另 2 个面团也用同样的方法制作。在烤盘上静置 20 分钟。

6

打开保鲜膜，放上面包面团。

9 烘烤

 迷你烤箱
不用预热，以 1200W 烤 10 分钟。注意不要烤焦，烘烤时可以覆盖一层铝箔纸。

 烤箱
预热后，以 180℃ 烤 18 分钟。

Part 3

甜面团

甜甜圈
（原味、可可味）

Maiko's Point!

甜甜圈的成形不需要工具！熟制的重点是从低温开始慢慢地炸！

Maiko's

孩子突然带小朋友来玩时，也能很快做出的超人气零食

材料（可做6个）

面团
甜面团（参照p.46~47）
　…一半量

糖衣
原味：糖粉…60g、水…5g※
可可味：可可粉…5g、糖粉…60g、水…5g※
※ 水量根据实际情况调整。

1 分割

将甜面团切成 6 等份。

2 成形

面团切口朝上，用手向前卷起、对折。然后用中指从前侧向里卷动面团。用手指捏紧接口。（参照p.51）

3

让面团静置 5 分钟。在手掌和面团上撒粉（配方外），用手指在面团中央戳一个孔。

4

将两根食指伸进孔中，像滚线轴一样转动手指，逐渐扩大孔洞，然后让面团静置 20 分钟。其余的面团按照同法制作。

5 平底锅

炸制

将面团放入室温的油中，开中火炸至金黄色。过程中需要上下翻动。

6 待面团散热冷却，在碗里备好糖衣水（用水溶化糖粉而成，还可以加入可可粉），沾到甜甜圈表面。

预切甜甜圈

材料（可做8个）

面团
甜面团（参照p.46~47）
　…一半量

配料
黄豆粉…30g
砂糖…30g

1 将甜面团切成 8 等份，放入保鲜盒，然后放进冰箱冷冻保存。

2 把面团从冷冻室拿出后，放入室温的油中，开中火炸至金黄色（时间可以稍长一些）。

3 在塑料袋中倒入黄豆粉和砂糖，混合均匀，然后放入甜甜圈，上下摇晃袋子至甜甜圈表面被沾满。

平底锅奶油面包

|| maiko's point! ||

做出的圆面包有平底锅烤出的独特香味！

如果面包内部还有空间，再多放一些奶油也可以

|| maiko's point! ||

虽然要花费一些时间，但是绝对值得尝试！

牛奶蛋糊的制作方法

材料（根据需要可以调整用量）

鸡蛋…1 个
砂糖…50g
低筋面粉…15g
牛奶…180g
香草精…适量
黄油…10g

with these

奶油面包的制作方法

材料（可做3个）

面团
甜面团（参照p.46～47）
　…一半量
馅料
牛奶蛋糊（参照左侧）……适量
配料
杏仁片…适量

1  在耐热的碗中依次放入砂糖、低筋面粉、鸡蛋。

2  加入牛奶、香草精，用橡胶铲搅拌均匀。

3  将碗用保鲜膜封口，送入微波炉以 500W 加热 1 分钟，再加入黄油搅拌。然后再加热 1 分钟※。

4  将步骤 **3** 的碗放入盛有冰水的大碗中冷却。如果在保鲜膜上放保冷剂，可以冷却得更快。

（保质期：冷藏1~2天）

※ 如果加热后没有明显变化，可以看情况继续加热 30 秒。

1 分割 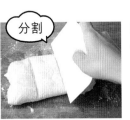 将甜面团切成 3 等份。

2 成形  将面团切口朝下，用手压平，再在中央放上牛奶蛋糊。

3  用手捏起面饼边缘，包裹住牛奶蛋糊。其余面团也照同法制作。

4  将面团接口朝下放入平底锅，将杏仁片放在面团上摆成心形。

5 烘烤 平底锅
盖上锅盖，用大火加热 30 秒，关火静置 15 分钟（进行最后发酵）。而后每面再烤 10 分钟，烤时盖锅盖。

Part 3

甜面团

红薯面包

Maiko's Point!

秋天时用孩子们
亲手挖出的红薯来制作，
他们会很高兴的

材料（可做4个）

面团
甜面团（参照p.46~47）
…一半量

配料
甜煮的红薯（切块）…50g ／ 1 个
黑芝麻…适量

1 成形

用擀面棍将甜面团擀成 22 ~ 23cm 长的方形面皮。

2

在面皮下半部分放上用糖水煮过的红薯。

3 分割

将上半部分面皮折下来覆盖馅料，然后用切面刀竖着切成 4 等份。

4

将一份面团的中间划开，上下两端各保留 2cm 不切断。拿住面团两头拧成麻花形，然后拿住其中一头，将整个面团盘成漩涡状。其余的面团也照同法制作。
→平底锅烘烤直接到步骤 **6**

5 发酵

将面团放入烤盘，撒上黑芝麻，静置 20 分钟。

6 烘烤

 迷你烤箱
不用预热，以 1200W 烤 7 分钟。

 烤箱
预热后，以 180℃烤 15 分钟。

 平底锅
撒上黑芝麻，盖上锅盖，用大火加热 30 秒，关火静置 15 分钟。然后每面再烤 7 分钟。

黄油卷

|| Maiko's Point! ||

可以刷上蛋液或牛奶，做出的面包会很好看。鸡蛋使面包有光泽，牛奶有助于让面包保持湿润

|| Maiko's Point! ||

面团在等待期间会松弛，成形时依次用擀面棍擀开

材料（可做4个）

面团

甜面团（参照p.46～47）

　…一半量

---

1 分割

将甜面团切成 4 份相等的长方形。

‖ maiko's point! ‖

黄油卷的制作会稍稍难一些

2 成形

在面团上撒粉（配方外），用右手将面团从中央至右侧滚动。

3

不要勉强去延擀，稍微花点时间

将面团静置 5 分钟，然后用左手的两根手指夹住细的一端，用擀面棍从中央向前擀至 7mm 厚。

4

将前缘收卷并按压住，然后将整个面团卷成 3 层左右。其余面团也照同法制作。

5 发酵

放入烤盘，根据喜好在表面刷上蛋液或牛奶，然后静置 20 分钟。

别着急，做好最后发酵

6 烘烤

 迷你烤箱
不用预热，以 1200W 烤 7 分钟。

 烤箱
预热后，以 180℃烤 15 分钟。

轻松制作

浓郁的黄油味道!
就像从店里买的!

丹麦面团面包

用买到的法式酥皮轻松制作

牛角面包

材料（可做7个）

面团

甜面团（参照p.46～47）
…一半量

法式酥皮…1张
（边长10cm）

with these

Maiko's Point!!

比起用黄油片制作丹麦面团，使用冷冻法式酥皮（参见p.90）的话会更加简单，初学者也可以轻松做出牛角面包！

丹麦面团

1

用擀面棍将甜面团擀成10cm×20cm的长方形，在中央放上1张法式酥皮。

2

从两侧向中间对折，接缝处用手指按压平整。

3

撒粉（配方外），旋转90度后再用擀面棍竖着擀长，成20cm×14cm的长方形。

4

将面团前后折起成三折，在室温中静置10～15分钟。

5 成形

用擀面棍将面团擀大，成14cm×20cm的长方形。

6

用披萨刀切掉多余的边角。

7

将面皮切成7个底边是5cm的等腰三角形。

8

在底边的中央切开1cm，然后斜着卷到两侧。再从下向上卷起面团。

9 发酵

放入烤盘，放置20分钟。

10 烘烤

 迷你烤箱

预热后，以1200W烤10分钟。为了防止烤焦，可以在上面覆盖铝箔纸。

 烤箱

预热后，以200℃烤15分钟。

简单！只要把巧克力块卷起来

巧克力牛角面包

材料（可做7个）

面团
甜面团（参照p.46~47）…一半量

法式酥皮…1 张（边长10cm）
巧克力排块…2 小块／1 个

按p.65步骤1~7
制作丹麦面团

1
在面团底边放上巧克力。

2
向前卷起面团。

3 发酵
放入烤盘，静置20 分钟。

4 烘烤

 迷你烤箱
预热后，以1200W 烤10 分钟。为了防止烤焦，可以在上面覆盖铝箔纸。

 烤箱
预热后，以 200℃烤 15 分钟。

裹着杏仁酱和杏仁片的

杏仁
牛角面包

材料（可做7个）

面团

甜面团（参考p.46~47）…一半量

法式酥皮…1 张（边长10cm）

杏仁酱（参照右侧）…适量

杏仁片…适量（未烤过）

按p.65步骤1~8
制作丹麦面团

1 发酵

在面团上放杏仁酱和
杏仁片，然后静置
20 分钟。

2 烘烤

 迷你烤箱
预热后，以 1200W 烤 10 分钟。
为了防止烤焦，可以在上面覆盖
铝箔纸。

 烤箱
预热后，以 200℃烤 15 分钟。

杏仁酱的制作方法

材料（做成后约120g）

杏仁粉、砂糖、黄油、打好的蛋液
　…各30g

预先准备

将黄油和鸡蛋放置到室温。
杏仁粉过筛。

1

在碗中放入黄油、砂
糖，搅拌均匀。将打
好的蛋液分几次倒入
碗中，每次都搅拌均
匀。

2

加入杏仁粉末，搅拌
均匀。

（保质期：冷藏3天）

卷起后再切，所以整形不会失败

葡萄干面包

材料（可做6个）

面团

甜面团（参照p.46~47）…一半量

法式酥皮…1张（边长10cm）

配料

牛奶蛋糕（参照p.59）…80g

葡萄干…30g

---

1  成形

按照 p.65 的方法制作丹麦面团，然后用擀面棍擀成 25cm×12cm 的长方形。

2

用披萨刀将四边切割整齐。

3

在面团下方 2/3 的区域涂上牛奶蛋糕（参照p.59），然后撒上葡萄干。

4

向前卷起面团，捏紧接口。

5  发酵

将面团切成 6 等份，切口朝上放入烤盘，静置 20 分钟。

6 烘烤

 迷你烤箱
预热后，以 1200W 烤 10 分钟。为了防止烤焦，可以在上面覆盖铝箔纸。

 烤箱
预热后，以 200℃烤 15 分钟。

形状一改变，就显得很可爱！

心形面包

材料（可做8个）

面团

甜面团（参照p.46～47）…一半量

法式酥皮…1 张（边长10cm）

配料

巧克力排块…100g

1

按照 p.65 的方法制作丹麦面团，然后用擀面棍擀成 16cm×25cm 的长方形。

2

撒粉（配方外），然后分别将上下两边向中间卷。

3

用切面刀做 8 等分标记。

4

将面团切开，切口朝上放入烤盘，整理成心形。

5

静置 20 分钟左右。

6 **迷你烤箱**

预热后，以 1200W 烤 10 分钟。为了防止烤焦，可以在上面覆盖铝箔纸。

 烤箱

预热后，以 200℃烤 15 分钟。

完成 将巧克力块隔水加热熔化，沾裹心形面包的半边，待冷却凝固即可。

季节水果
丹麦面包

Maiko's point!

白色圈圈状的是糖霜，只要将糖粉加少量水溶化，浇上去就行！

材料（可做6个）

面团
甜面团（参照p.46～47）…一半量
法式酥皮…1 张（10cm）

配料
牛奶蛋糕（参照p.59）…15g ／ 1 个
当季水果（青提、蓝莓、猕猴桃等）…适量
糖霜（糖粉+小比例的水）…适量

1

按照 p.65 的方法制作丹麦面团，撒粉（配方外），用擀面棍擀成 12cm× 18cm 的长方形。

2

用披萨刀将四边切割整齐。

3 分割

用切面刀做 6 等分印记，然后切开。

4

放入烤盘，用叉子扎一些气孔。

5 发酵

放上牛奶蛋糕，静置 20 分钟。

6 烘烤

　迷你烤箱
　预热后，以 1200W 烤 10 分钟。为了防止烤焦，可以在上面覆盖铝箔纸。

　烤箱
　预热后，以 200℃烤 15 分钟。

7 烤好后待冷却，浇上糖霜，并根据喜好放上水果。

白桃丹麦面包

maiko's point!

水果和牛奶蛋糊
的绝妙组合

材料（可做2个）

面团
甜面团（参照p.46~47）…一半量
法式酥皮…1张（边长10cm）

配料
牛奶蛋糕（参照p.59）
　…50g／1个
白桃（裹糖浆，切片）
　…4块／1个

1

按照 p.65 的方法制作酥皮面包的面团，撒粉（配方外），用擀面棍擀成 18cm×16cm 的方形，然后将四边切割整齐。

2

分割　成形

在 18cm 的边上做 2 等分标记，然后将其中一侧面团压切出几道口（气孔）。

3

在面团另一侧依次放上牛奶蛋糕和白桃。

4

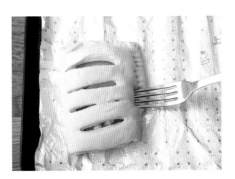

拉起有切口的一侧面团，对折覆盖到另一侧上，用手指压合。面团放入烤盘，用叉子按压封口。

5

发酵

静置 20 分钟。

6

烘烤

 迷你烤箱
预热后，以 1200W 烤 12 分钟。为了防止烤焦，可以在上面覆盖铝箔纸。

 烤箱
预热后，以 200℃ 烤 20 分钟。

土豆培根 丹麦面包

Maiko's Point!

可以作为配菜的丹麦面包，任何时候都很受欢迎！

材料（可做4个）

面团

甜面团（参照p.46~47）…一半量

法式酥皮…1张（边长10cm）

配料

白酱（市售）…1大勺 / 1个

土豆（切成薄片）

　…3片（薄涂一层橄榄油）/ 1个

培根…2cm 宽的 2 片 / 1 个

芝士粉…适量

迷迭香干…适量

with these

1

按照 p.65 的方法制作丹麦面团，撒粉（配方外），用擀面棍擀成边长 18cm 的正方形，然后将四边切整齐。

2 分割

用切面刀做好标记，等分切成 4 个小正方形。

3 成形

将面团放入烤盘，将一对对角折叠至中央，然后轻轻按压。

4

在面团中央依次放上白酱、培根、土豆、芝士粉、迷迭香。

5 发酵

静置 20 分钟。

6 烘烤

 迷你烤箱

预热后，以1200W 烤12 分钟。为了防止烤焦，可以在上面覆盖铝箔纸。

 烤箱

预热后，以200℃烤15 分钟。

多学一点

"直接法"和"中种法" 是什么意思？

本书中介绍的面团制作方法主要为"直接法"。直接法是指将所有面团材料一次揉和成面团的方法。

除此之外，将同样的面团材料分两次揉和成面团的方法，称为"中种法"。中种法至少需要2天才能完成，会带来更松软的口感，而且烤成品的水分流失慢，容易保存。

制作第1天揉成的"中种面团"时，有个关键是只放入高筋面粉、酵母粉、水进行发酵，而不放入盐，这样，酵母就不会受到盐的抑制，发酵活动更活跃，但这样做出来的面团麸质（面筋）很弱！在制作第2天的面团时，将中种面团和其余材料混合在一起，就可以做出像店里的一样蓬松的面包（参照p.102~105）。

中种法第1天第1次揉成的面团可以在冷藏室保存2~3天。第2天制成的面团发酵速度可能很快，要避免过度发酵。中种面团也可以冷冻保存。掌握了这个方法后，可以灵活运用到各种面包上。

中种法
第二天的面团

直接法
做出的面团

发酵后会呈现不同的蓬松状态

Part 4

可以搭配东、西方菜肴

和米饭一样的主食面包

全麦面包
搭食材丰富的西班牙蒜香海鲜料理

maiko's point!

只要将面粉的 1/4 换成全麦粉，就可以做出更有风味的面包

材料（可做12个）

A 高筋面粉…150g
  全麦粉…50g
  盐…3g
  砂糖…10g

B 牛奶…40g
  水…100g
  速发干酵母…2g

C 黄油…10g

全麦面团

按基础面团（p.13～16）的步骤做出面团

1 分割

取出一半面团，切成 6 等份。

2 成形

将每份面团切口朝上，用手指捏住，从里侧向前卷起、对折。

3

用中指从前侧向里卷动面团。将面团旋转 90 度，再度对折，如此重复步骤 **2** 及 **3**，重复 3 回。

4

用手指捏紧接口。

5 发酵

面团接口朝下放入烤盘，以碗等覆盖，静置 15 分钟。另一半面团也按同法制作。

6 烘烤

 迷你烤箱
不用预热，以 1200W 烤 7 分钟。

 烤箱
预热后，以 180℃烤 15 分钟。

西班牙蒜香海鲜料理

材料（4人份）

A 虾…6 只
  什锦海鲜…100g
  蛤蜊（吐净泥沙）…150g
  红辣椒…1 根
  蒜…1 瓣
  橄榄油…适量

1 将 A 放入锅中，倒入适量橄榄油。

2 用小火加热至蛤蜊的壳全部打开。

3 如果不够咸的话，再加入一些盐（配方外）。

黑麦面包
搭牛油果沙拉

可以用酸奶来
代替牛奶

材料（可做6个）

A | 高筋面粉···150g
黑麦···10g
盐···3g
砂糖···10g

B | 原味酸奶···40g
水···100g
速发干酵母···2g

黑麦面团

按基础面团（p.13~16）的步骤做出面团（不加入黄油）

1 切开

先取出一半面团，切成3等份。

2 成形

将每份面团切口朝上，用手按压成长方形。

3

将两条长边向内侧折叠。

4

捏紧接口，然后来回滚动成细长形。→平底锅烘烤直接到步骤6

5 发酵

面团接口朝下放入烤盘，以碗等覆盖，静置20分钟。另一半面团也按同法制作。

6 烘烤

 迷你烤箱
不用预热，以1200W烤7分钟。

 烤箱
预热后，以180℃烤15分钟。

 平底锅
盖上锅盖，用大火加热30秒，关火静置15分钟。然后每面再烤7分钟。

牛油果沙拉

材料（4人份）

牛油果（切成合适的大小）···1个
煮鸡蛋（切成合适的大小）···1个
西蓝花（煮熟）···120g

A | 蛋黄酱···2大勺
橄榄油···1大勺
柠檬汁···1小勺
番茄酱···1大勺
盐、胡椒···适量

1 将牛油果和西蓝花放入一个大碗。

2 将A混合后，加入步骤1的食材，再加入盐和胡椒调味。

3 盛到容器中，摆上切好的煮鸡蛋。

米饭面包
搭猪肉蔬菜味噌汤

maiko's point!!

搭配日式料理，口感很好！

米饭中的淀粉可以增添甜味

加入了米饭的面包，口感更湿润！

米饭红豆面包

∥ Maiko's Point! ∥

轻轻按压，让红豆馅和面团贴紧！

红豆馅流出来了。最后发酵阶段要慢慢来

米饭面包 搭猪肉蔬菜味噌汤

米饭不要捣碎

材料（可做2个）

A		B		B	
高筋面粉…200g		米饭…50g		速发干酵母…2g	
砂糖…14g		水…90g		（用牛奶和水溶解速发干酵母，然后加入米饭）	
盐…3g		牛奶…50g			

按基础面团（p.13～16）**的步骤做出面团**（不加入黄油）

1 分割

先取出一半面团，切成 6 等份。

2 成形

面团切口朝上，向前卷起、对折。

3

用中指从前侧向里卷滚面团。将面团旋转 90 度，再度对折，如此重复步骤 2 及 3，重复 3 回。

4

用手指捏紧接口。→用平底锅制作的话，直接到步骤 6

5 发酵

面团接口朝下放入烤盘，静置 20 分钟。其余一半面团也用同法制作。

6 烘烤

 迷你烤箱
不用预热，以 1200W 烤 7 分钟。

 烤箱
预热后，以 180℃烤 15 分钟。

 平底锅
面团接口朝下放入锅中，盖上锅盖，开大火加热 30 秒，关火静置 15 分钟。然后将每面再烤 7 分钟。

猪肉蔬菜味噌汤

材料（4人份）

切片猪五花肉…100g
胡萝卜…1/2 根
土豆…1 个
魔芋…1/2 块
油豆腐…1 块
味噌…2 大勺
白芝麻粉…1 大勺
水…约 500g
葱（切碎）…适量
七味辣椒粉…适量
芝麻油…适量

1 在锅中倒入芝麻油，烧热，然后加入切成适当大小的猪肉、胡萝卜、土豆、魔芋、油豆腐，翻炒。

2 在锅中加水没过食材。

3 水开后转小火，一边煮一边撇去浮沫，直到蔬菜熟透。

4 调入味噌和白芝麻粉，盛碗，撒上葱花和七味辣椒粉。

红豆面包

材料（可做8个）

面团
左页的米饭面包面团
…200g

红豆沙馅（市售）…30g／1个

|| maiko's point! ||

用手指一压，馅紧实了，做出的豆沙面包更好吃

1 分割

先取出一半面团，切成 4 等份。

2 成形

面团切口朝上，用手按压平整，放上红豆沙馅。

3

拉伸面团，包裹住红豆沙馅，用手指捏紧接口。

4

接口朝下放入烤盘（或平底锅），撒粉，用手指将面团中央压陷。→用平底锅制作的话，直接到步骤 **6**

5 发酵

静置 20 分钟。其余一半面团也用同法制作。

6 烘烤

 迷你烤箱
不用预热，以 1200W 烤 10 分钟。

 烤箱
预热后，以 180℃烤 15 分钟。

 平底锅
盖上锅盖，用大火加热 30 秒，关火静置 15 分钟。然后每面再烤 7 分钟。

豆腐挤挤面包
搭烟熏鱿鱼沙拉

‖ maiko's point! ‖

将面包切成小块，摆在一起超级可爱！

材料（可做1个）

A 高筋面粉…200g
砂糖…14g
盐…3g
绢豆腐…130g

B 豆奶…200g
速发干酵母…2g

豆腐面团

with these

> 按**基础面团**（p.13~16）的步骤做出面团（不加入黄油）

1 分割

将全部面团称重，算出 16 等分后 1 个面团的重量（22g 左右）。

4

按照汉堡包面团的做法（参照p.51），将面团整成圆球形。

2 成形

用这个方法，后面可以切出大小均匀的面团。

将面团切成 W 形，然后拉伸成长条。

5 发酵

在直径 20cm 的平底锅上铺一层铝箔纸，然后放上 16 个小面团。

3

将面团切成 16 等份，每个小面团 22g。

6 烘烤

盖上锅盖，用大火加热 30 秒，关火静置 20 分钟。然后每面再烤 7 分钟。

烟熏鱿鱼沙拉

材料（4人份）

烟熏鱿鱼…60g
芹菜（切成薄片）…1 根
白萝卜…1 包
生菜（撕碎）…5 片
油…适量

1 在大碗中放入所有食材，均匀搅拌。

2 放入冰箱冷藏一晚。

豆腐芝士馅面包

芝士和日式
食材的完美
搭配!

材料 (可做8个)

A		B		C	
高筋面粉 … 200 g		豆奶 … 20 g		奶油芝士	
绢豆腐 … 130 g		速发干酵母		… 1/2个 (约10 g) /颗面包	
砂糖 … 14 g		… 2 g		小葱 (切小段) … 1大勺	
盐 … 3 g				木鱼花 … 1小勺	
				酱油 … 1小勺	
				白芝麻 … 适量	

按基础面团 (p.13~16) 的步骤做出面团 (不加入黄油)

如果芝麻不容易沾住，可以在面团表面用一点水弄湿

1 分割

取出一半面团，切成4等份。

2 成形

面团切口朝上，用手压平，然后将混合好的C放到中间。

3

拉伸面团，包裹住食材。

4

捏紧接口，然后将面团放入盛有白芝麻的盘子中滚一滚，使表面沾满。

5 发酵

放入平底锅，盖上锅盖，用大火加热30秒，然后关火静置15分钟。

6 烘烤

 平底锅

最后发酵完成后，盖着锅盖，每面再烤7分钟。

麻衣子老师
答问

能像面包店一样出品的秘诀是?

知道一些好用的材料

掌握面包的基本做法后,
你可以尝试用新的油脂或片状食材来改造面包,
也可以改变一下上色和内馅用材料,
这样可以做出更有高级感的面包哦!
下面为大家介绍可以在购物网站上买到的一些食材。

※编者注:下列食材作者是按当地cotta网站的品目提供,对中国读者来说,大部分可以买到。

油脂

黄油牛奶粉

以优质牛奶为原料,浓缩干燥而成的酪乳粉。加到面团里会让面包更蓬松柔软,烤后香味浓郁。它便于保存,不占地方是一大优点。值得尝试!

Soy lait Beurre (豆奶黄油)

比起以牛奶为原料的黄油,它更加清淡。使用方便。对牛奶过敏的人士可以放心使用。

片状材料

冷冻黄油片

夹入面团中,可以制作出蓬松的丹麦面包,免去手工延压黄油的工作。

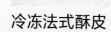

冷冻法式酥皮

本书中的丹麦面团里,就使用到了法式酥皮,可以轻松地制作出标准的丹麦面包。

冷冻巧克力大理石馅

和面团一起可以轻松做出标准的大理石巧克力面包,可做成多种多样的款式,值得尝试。

上色材料

Molasses (兄弟兔糖浆)

甘蔗汁熬煮、精制而成的糖浆。煮贝果时可以用到,效果特别。另外,它还可以代替黑糖用来做黑糖面包。

麦芽精

液态(编者注:中国读者可以买到的烘焙用麦芽精有科麦、芝兰雅等品牌),富含麦芽糖的成分,制作吐司或法式面包时可以使用到,既可以给面包上色,也可以促进发酵、激发出面粉的香味。(本书中一些地方用"液体盐曲"来代替,有同样的效果。)

配料

开心果碎 (大粒)

只要放在酥皮面包或甜面包上，就可以使成品变得更加可爱。干果类食材可以冷冻保存，十分方便。

白芝麻

只要撒在红豆面包或自家制酵母面包的表面，就会使面包的外观更加标准。体积很小，所以便于放在冰箱中保存。

粗玉米粉

撒在圆面包的表面，可以制作成英式玛芬。在制作披萨时可以用到，也可以加进面团中做出好吃的面包。

Maiko's Point!

我本人的大爱！

馅料

冷冻大颗粒红豆

煮至软烂的大粒红豆，拥有上乘的甜味。可以加在"预切面包"中，也可以卷进肉桂卷蛋糕中。

果酱粒

将固体的果酱粒揉进面团中，烘烤后会熔化成酱状。将它加到"预切面包"中，就可以轻松制作出一款零食。有多种味道可以按自己喜好选择。还有固体蜂蜜粒产品。

巧克力棒

可以经得住烘烤的巧克力。棒状巧克力很容易卷起，即使烘烤也不会熔化。制作巧克力牛角面包时可以用到。本书中使用的是在超市买到的排块装巧克力。

草莓粉

冷冻干草莓粉可以锁住草莓的味道。与面团混合后，会呈现可爱的粉红色，还可以增添面包的香味。

蔓越莓果酱 (冷冻)

蔓越莓果酱拥有清爽的酸味和鲜艳的颜色。加入到面团中，可以使面包颜色更好看，味道香甜。

麻衣子老师
答问

Q ## 想用市售食品
来改造面包

A 可以用面包夹蛋糕，那样将得到
双重的口感享受！

用市售食品简单组合！

长崎蛋糕面包

maiko's point!

长崎蛋糕带来清甜
的口味。再加入喜
欢的果酱，做成三
明治就可以了

材料 (可做1个)

面团
生吐司面团 (参照p.107)
…一半量

长崎蛋糕 (市售)…2片
喜欢的果酱…适量
(这里使用的是蓝莓果酱)

---

1 成形

取出发酵好的面团，4等分切。

2 烘烤

 迷你烤箱
不用预热，以1200W烤7分钟。

 烤箱
预热后，以180℃烤15分钟。

3

将烤好的面包上下切开。

4

Maiko's Point!

可以用保鲜膜包紧，
这样面包也会变得
湿润

在下层的面包上涂果酱，
然后依次放上蜂蜜蛋糕和
上层面包。

Maiko's Point!

用基础面团 (p.13~16)
或甜面团 (p.46~47) 也
可以做得很好吃！

Q 急着为孩子准备零食时……

A 只要用微波炉加热一块羊羹，就可以制作出黏稠的馅料！

∥ Maiko's Point! ∥

即使触摸到上面的羊羹，也不会粘手哦！

将市售食品改造利用！

羊羹面包

材料 (可做8个)

圆面包 (参照p.31)
…8 个
羊羹※…50g

水…5g
发泡奶油 (市售)…适量

with these

※ 编者注："羊羹"并非由羊肉做成，而是一种素食，原料主要是红豆和砂糖，把它们煮烂，再加上琼脂，通过模具定型而成。

1

在碗中放入水和羊羹块，用微波炉加热（500W）5 秒左右至其熔化，可以视情况再加热一次。

2

将羊羹液涂到小圆面包上，等待其凝固。

3 将面包从中间切开，夹上发泡奶油。

Q 可以轻松做出浓郁丰富的风味吗?

A 如果用冰淇淋代替牛奶，就能做出正宗的甜点面包!

‖ Maiko's Point! ‖

用脂肪含量高的口感浓郁的高级冰淇淋制作，面包会更松软

将市售食品改造利用!

用平底锅制作 **冰淇淋面包**

材料 (可做6个)

高筋面粉…100g
盐…1g

杯装冰淇淋 (香草味、巧克力味、草莓味，在室温下融化)
…各50g

水…20g
速发干酵母…1g

with these

---

1 成形

按照基础面团 (p.13~16) 的方法制作面团，将3种口味的冰淇淋分别制成3个面团 (香草味、巧克力味、草莓味)。

2

将每个面团2等分，然后将每颗面团切口朝上，用手对折起来。

3

用手指捏紧接口，然后将面团整成椭圆形。

4 烘烤 (参照p.18)

 平底锅

盖上锅盖，用大火加热30秒，关火静置15分钟，然后上下两面再各烤7分钟。

给烤好的面包插入一根木棍。巧克力味的面包可以再涂上熔化的巧克力 (配方外)。

麻衣子老师
答问

Q 面包剩了一点怎么办？

A 可以改造成像酒店早餐一样的美味！

剩下一点面包再利用！

法式吐司

材料（份量随实际情况）

喜欢的面包…适量
牛奶…100g
鸡蛋…1 个
砂糖…30g

1 在碗中放入牛奶和鸡蛋，搅拌均匀后，放入面包使其浸透。

2 给面包撒上砂糖，用平底锅将两面烤至焦黄。

Q 面包剩了一点怎么办？

A 做成便于保存的茶点或礼物！

剩下一点面包再利用！

巧克力面包脆

材料（份量随实际情况）

预切面包…6 个
排块装巧克力（切碎）…1 块

可可粉…3g
牛奶（或者淡奶油）
　　…50g

1 将面包切成可以一口吃掉的大小。

2  在碗中加入巧克力、可可粉、牛奶，用微波炉加热（500W）至熔化（用铲子划出痕迹后，不会恢复原状的程度就可以了）。

3  在步骤 2 中放入面包，搅拌均匀，使面包充分吸收巧克力酱。

4  放入铺上烘烤纸的烤盘中，以 150℃ 预热烤箱后，烘烤 40~50 分钟。然后留在烤箱中等余热散掉。

麻衣子老师答问

Q 想吃满是巧克力的面包

A 只要包裹住排块巧克力，进行烘烤就可以了！

不做成甜品也可以！

巧克力面包

‖ *Maiko's Point!* ‖

市售的小块巧克力使用很方便。可以根据自己的喜好调整用量。

材料（可做 4 个）

面团
甜面团 (参照p.46~47)…一半量

排块装巧克力…2 小块 /1 个

巧克力多放一些也 OK。因为巧克力是固体，所以很容易包住。

---

1 分割

将甜面团 4 等分切。

2 成形

在面团中央放上巧克力，捏住面团周边，成圆球状。

3

用手指捏紧接口。→用平底锅制作的话，直接到步骤 **5**

4 发酵

放入烤盘，静置 20 分钟。

5 烘烤 (参照p.18)

 迷你烤箱
不用预热，以 1200W 烤 7 分钟。

 烤箱
预热后，以 180℃烤 15 分钟。

 平底锅
盖上锅盖，用大火加热 30 秒，关火静置 15 分钟。然后每面各烤 7 分钟。

98

Part 5

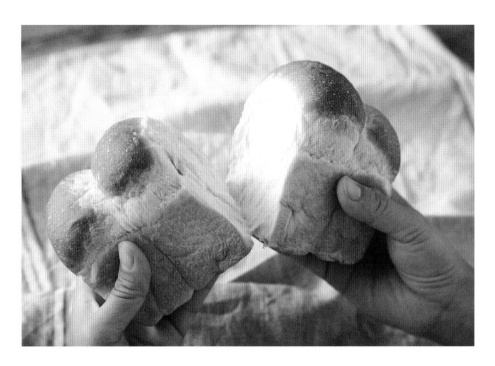

熟悉面包的制作方法后

更多自由度的

自家面包烘焙的10个挑战

用磅蛋糕模具制作可爱的山形面包

基本吐司

‖ maiko's point! ‖

越揉越蓬松

‖ maiko's point! ‖

早餐时拿出来，
会大受欢迎！

材料（可装 1 个 8cm × 18cm × 高 6cm 的磅蛋糕模具）

A | 高筋面粉…200g
  | 盐…3g
  | 砂糖…14g

B | 牛奶…70g
  | 水…70g
  | 速发干酵母…3g

C | 黄油…20g

with these

1

按照基础面团（p.13~16）的制作要领，使用上述配方制作面团。

2

将面团从冷藏室中取出，分成 4 等份。

3

将面团放在撒了粉（配方外）的台面上，切口朝上，向前对折起来。然后旋转 90 度，再对折。如此重复 3 回。

4

用手指捏紧接口，将面团接口朝下放入磅蛋糕模具中。

5

 发酵

约 1 小时
（不同季节会有差异）

罩上浴帽，发酵至面团高于容器。

6 烘烤

🔲 烤箱
预热后，以 180℃烤 30 分钟。

Item!

做面包也很方便的
磅蛋糕模具

磅蛋糕模具
长方形模具（小）
特氟龙塑料模•18cm（贝印牌）

金属吐司模具图例
松永制作所

正式制作吐司时，我们会使用吐司模具，但使用磅蛋糕模具也可以烤得很好。对于初学者来说，特氟龙塑料模具不易沾，推荐使用。如果使用金属模具的话，很多也是不沾的，否则需要铺上烤纸后再进行烘烤。

用发酵力强的面团混合，向烘焙高手进发！

中种吐司

Maiko's Point!

成功率高！

Maiko's Point!

中种发酵法制作的面包口感更加松软！

材料（可装 1 个 8cm×18cm× 高 6cm 的磅蛋糕模具）

（第1天 中种面团）　　（第2天 主面团）

高筋面粉⋯100g

水⋯70g

速发干酵母⋯1g

A ┃ 高筋面粉⋯100g
　┃ 盐⋯3g
　┃ 砂糖⋯14g

中种面团

（做法如下）

B ┃ 牛奶⋯70g
　┃ 速发干酵母⋯1g

C ┃ 黄油⋯20g

第 1 天 制作中种面团

1

将酵母粉撒入水中。

2

将高筋面粉倒入碗中，加入步骤 **1**，用橡胶铲搅拌均匀。

3

在保鲜盒内侧和盖子上涂油，然后放入面团。

4 （发酵）

盖上盖子，放入冰箱中，醒发 8 小时以上。

‖ maiko's point! ‖

中种吐司和基本吐司使用的食材相同，只是增加了一些步骤，就可以制作出更加松软的面包

第 2 天 制作主体

1

将酵母粉撒入牛奶中。

2

在碗中倒入高筋面粉、砂糖、盐,用橡胶铲搅拌均匀。

3

将中种面团撕成小块,加入碗中。

4

加入步骤 1 的牛奶液,用橡胶铲搅匀,然后用手揉至面团均匀。

5

将面团对折,打一拳。左手转动碗,右手重复前面的动作。

6

加入黄油,用手捏握面团,使黄油与面团充分融合。

7

发酵

将面团放入涂了一层薄油的保鲜盒,在室温下发酵 1 小时以上。

8

发酵到面团体积膨胀了 1 倍以上就可以了。

9 成形

通过称重，将面团分成 4 等份。

10

将面团切口朝上，向前对折起来。其他 3 个面团也按同法制作。

11

用擀面棍将面团擀成 12cm 长。

12

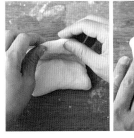

将长方形面团的前后两端向内折叠至重合。

13

将面团旋转 90 度，向内对折，用手指捏紧接口。其他 3 个面团也按同法制作。

14

面团接口朝下，4 个都放入磅蛋糕模具中。

15 发酵

罩上浴帽，发酵至面团略高于容器（照片为发酵后的状态）。

16 烘烤

 烤箱
预热后，以 180℃烤 30 分钟。

加入动物淡奶油烘烤

生吐司

香味浓郁！

好像轻飘飘的！
可以直接吃，或者
做成烤吐司！是高
级吐司的味道！

材料（可装 1 个 8cm × 18cm × 高 6cm 的磅蛋糕模具）

A | 高筋面粉…150g
低筋面粉…50g
盐…3g
砂糖…25g

B | 水…100g
动物性淡奶油…40g
速发干酵母…3g
C | 黄油…20g

with these

1

按照基础面团（p.13~16）的做法，将上述配方做成面团。

2 成形

用擀面棍将面团擀成横边稍长一些的长方形。

3

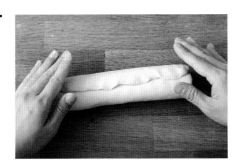

将面团卷起来，压紧接口处。

4

用切面刀竖着切开面团，保留 1cm 不切断，然后摆成倒 V 字形，拿起面团两端拧成麻花状，然后放入磅蛋糕模具中。

5 发酵

罩上浴帽，发酵至面团略高于容器。

6 烘烤

 烤箱
预热后，以 180℃烤 30 分钟。

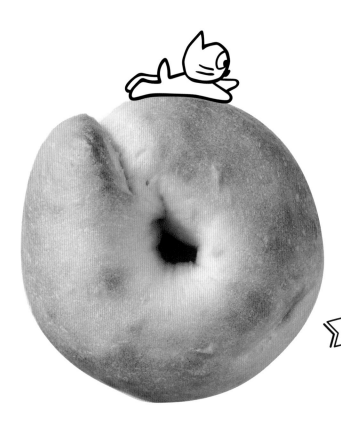

2种基础面团贝果和豆腐面团贝果

贝果

面团经过水煮，会使面包更有嚼劲！

如果你没有信心可以把表皮烤得很好，那么可以制作芝士贝果哦！

材料（可做5个）

A		B	
高筋面粉…200g		牛奶…60g	
盐…3g		水…50g	
砂糖…14g		速发干酵母…2g	

with these

1 发酵

按照基础面团（p.13~16）的做法，将上述配方做成面团。然后将浴帽罩在碗上，静置10~15分钟。

‖ maiko's point! ‖

贝果的面团含水量低，所以揉和后面团可能比较硬，可以中途休息松弛10~15分钟。

2 成形

用切面刀将面团切成5等份。

4

扣上碗，静置5分钟。

3

用手压平，然后向前滚动、卷起来。

面团切口朝上，用手压平，然后向前滚动、卷起来。

5

将面团接口朝上，用手压平，像步骤3一样卷起来。

淀粉与水加热到一定程度，会出现糊化现象（α 化），做出的面团会很有嚼劲。

煮面团时，加入蜂蜜可以使其表面仿佛涂上一层膜。

6 成形

两手重叠，用力将面团向前卷起，成棒状；再往回滚，此时手不要用力。

9

在盛有 1.5L 热水的锅中加入 2 大勺蜂蜜 (配方外)，将步骤 **8** 面团接口朝上放入锅中，上下两面各煮 1 分钟。

7

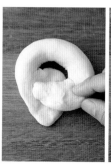

将棒状面团的一端压扁平，至约 2cm 厚，然后用这一端包裹住面团另一端，让整体成圆环状。

10

→平底锅烘烤，直接跳到步骤 **11**
否则将贝果面团放入铺了铝箔纸的烤盘。

8 发酵

将面团放入涂了一层薄油的保鲜盒中，盖上盖子，在冰箱中冷藏 8 小时以上。

11 烘烤

 迷你烤箱
不用预热，以 1200W 烤 15 分钟。

烤箱
预热后，以 200℃烤 20 分钟。

平底锅
盖上锅盖，用大火加热 30 秒，关火静置 15 分钟，然后将每面再烤 7 分钟。

核桃贝果

材料（可做5个）

p.109 的面团…全量
核桃…适量

1

在面团上倒入核桃，用切面刀将面团 2 等分切后叠放起来，然后再 2 等分切、叠放，如此重复几次，即千层酥式拌馅法 (参照p.22)

2

等核桃全部混进面团后，用拳头揉和面团。

3

罩上浴帽，静置 10~12 分钟后，进入 p.109~110 的步骤 **2~11**。

芝士贝果

材料（可做5个）

p.109 的面团…全量
披萨用芝士…10g ／ 1 个
粗粒黑胡椒…少许

按照 p.109~110 的步骤 **1~9** 的方法制作面团，然后撒上芝士和胡椒，用步骤 **10**、**11** 的方法烘烤。

可以尝到豆腐的清甜味

豆腐贝果

Maiko's Point!

满满豆腐香味
的健康贝果

材料（可做5个）

A｜高筋面粉…200g
　｜盐…3g
　｜砂糖…14g

B｜绢豆腐…200g
　｜速发干酵母…2g

with these

1

在豆腐上倒入速发干酵母，用汤匙将
豆腐碾碎，并搅拌均匀。

2

在碗中倒入材料 **A**，用橡胶铲搅拌均
匀后，加入步骤 **1**。

3

用手将所有材料搅拌均匀，然后进入
p.109~110 的步骤 **2~11**。

maiko's point!

不用加水，直
接在豆腐上放
速发干酵母！

Q 我想在户外烤面包

A 在阳台和院子里，或者在露营地里，
可以用带盖的平底电锅

可以在户外烤！

蜗牛卷面包

形状简单的
东西最好

材料（可做8个）

面团

基础面团 (参照p.13~16)…一半量

培根…2 片
披萨用芝士…30g

1

用擀面棍将基础面团的一半
擀成 15~16cm 长。

2

在面团的后 2/3 处放上切成
10cm 长的培根，撒上芝士。

3

向前卷起面团，用手指捏紧
接口。

4

将面团切成 8 等份。

5 发酵

静置 15 分钟。

6 烘烤

使用平底锅，盖上盖子，每面
各烤 7 分钟。

Item!

在户外如何
携带面团呢？

塑料袋很好用！

在食品用塑料袋里倒入一些
油，通过揉搓让油沾满袋子
内侧。放入静置了一晚的面
团，挤出空气后打结封口。

• 外出携带的时候一定要使
用冰袋。

熟悉了面包的做法后，再来试试！

试试自制酵母液

|| maiko's point! ||

这里介绍的是用葡萄干制作酵母液的方法，如果改成用苹果皮和苹果核也可以。我用的是水果皮和蔬菜皮，容器用的也是塑料瓶——所以麻衣子流派的酵母可以名叫"小气鬼酵母"。

是不是很想试试呢？如果开始做，每天观察酵母的变化会是件很有趣的事情，所以很多人着迷。

材料（份量随实际情况）

水…适量
葡萄干 (或者苹果的皮和核)…1/4 塑料瓶

1

在较硬的塑料饮料瓶中放入葡萄干，然后加水至瓶子的 2/3 高度。

3

1 天 2 次，稍稍拧开瓶盖，让空气进入瓶中，然后拧紧瓶盖，上下摇晃。

5

2

拧紧瓶盖，在室温下放置。

4

第 2 天的状态。水面会出现小气泡。

第 3 天的状态。如图所示，食材会浮在水面上；容器底部会出现白色的沉淀物；拧开瓶盖后，瓶内会出现泡沫。这些说明酵母的活性很好，可以用作酵母液。

自制酵母液的一些要点

自制酵母液的使用方法

自制酵母液可以作为水类材料使用。酵母液与水（牛奶）按照 1：1 或者 1：2 进行调配。

"提味酵母"怎么用？

后面介绍的是几乎不会失败的，同时用自制酵母液和速发干酵母制作的面包。我将这 2 种酵母的组合称为"提味酵母"。速发酵母粉有着使面包蓬松的作用，而酵母液中的酵母可以增加面包的香味。酵母液使用的蔬果材料的不同，做出的面包味道也有所差异。就像用调味料提味一样，使用酵母液提味，可以烤出更好吃的面包。

最合适的发酵温度是多少？

酵母数量增加的最佳温度是 30 摄氏度左右。夏天气温较热，容易发霉，请将酵母液放在阴凉处保存。在 20℃左右的地方，5 天可以完成发酵。冬天则需要补热，可以放在温度稍高的电热水壶旁边或冰箱上。用酸奶机保持一定的温度（27℃），也可以稳定地增加酵母量。

保存方法

自制酵母根据环境和材料的不同，快的话 3 天，一般 5 天左右可以完成发酵。尽可能一次完成过滤，只将液体留在塑料瓶中，然后冷藏保存。保质期约 1 个月。即使在冷藏中，酵母也会很活跃，需要每天打开 1 次瓶盖。冷冻也没问题，可以倒入制冰器皿中冻结成固体，使用时放进水中融化就 OK 了。

Challenge
7

难度有点高的法棍面包也要风味丰富

自家酵母
法棍面包

Maiko's Point!

自制酵母液和盐曲的
意外组合，可以创造
出专业级的味道

材料（可做3根）

A 高筋面粉···150g
低筋面粉···50g
砂糖···10g

B 液体盐曲※···20g
自制酵母液、水···各60g
（如果没有酵母液的话，就用120g的水）
速发干酵母···2g

with these

※ 液体盐曲作者使用的是 HANAMARUKI 牌，盐分浓度 12%（每100g含12g钠）。如果使用其他品牌，需要计算盐分含量。

编者注：中国读者用"盐曲"（或"盐麹"）为关键词可能搜索 / 买到不同的产品，可能是盐曲酱，其盐分浓度也不同。盐分除了影响口味，还会减缓发酵速度，因此要注意计算。

1

在碗中依次加入水、酵母液、酵母粉，让酵母粉溶解。

‖ maiko's point! ‖

使用法式面包专用粉可以制作出更加正宗的法式面包。

2

在一个新碗中加入食材 A，用橡胶铲搅拌均匀。

3

在步骤 1 的液体中加入液体盐曲，搅拌均匀。

4

在步骤 2 中加入步骤 3，用橡胶铲搅拌均匀，用手抓成团，然后放进保鲜盒中。

5 发酵 盖上盒盖，在冰箱中冷藏 8 小时以上。

6

在发酵后的面团和桌面上撒粉（配方外）。

7

分割

取出面团，横着切成 3 等份。

8

成形

将面团翻面，分别将后侧和前侧折入中间。

9

将接口移到手前，用手指用力按压。

10

用手指捏紧接口。

11

发酵

放入烤盘中，静置 15~20 分钟。

12

在每个面团中间竖着划一道 5mm 深的切痕，用喷雾器喷水 3 次。

> 切痕有助于面团中水分的受热气化，从而烤出漂亮的面包。
>
> ‖ Maiko's Point! ‖

13

烘烤

 迷你烤箱
以 1200W 烤 15 分钟。

 烤箱
预热后，以 200℃ 烤 15 分钟。

| Hint!

关于液体盐曲

液体盐曲中含有酵素，能帮助淀粉分解，它还能代替麦芽精，帮助面包烤出色泽。使用时，先将酵母粉溶解到水中，再放入液体盐曲。如果使用的是盐曲酱的话，就需要增加水类食材中水的分量。另外，因为加入盐曲后会加速淀粉分解，所以面团在冰箱内发酵后要尽快烘烤。

Challenge
8

餐桌主角感满满！可以撕着吃

自家酵母
肉桂螺纹面包

maiko's point!

加入米面粉可以使成品口感更轻软！

材料（可做2根）

A 高筋面粉…180g
 大米粉…20g
 砂糖…30g

B 液体盐曲…20g
 自制酵母液、水…各20g
 牛奶…80g
 速发干酵母…2g

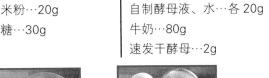

C 肉桂糖粉…适量
 黄油…适量

with these

1

按照 p.120 步骤 **1~6** 的方法，使用上述配方做出面团。

2 分割 成形

先取出一半面团，切口朝上，用擀面棍擀成近 30cm 长的条形。

3

将面团横放在桌上，在中间撒上肉桂糖粉，在下侧放上切成条的黄油。

4

将面团从后向前卷起成长条，然后将面团左右两端向相反方向拧。其余面团也照同法操作。

5 发酵

将面团弯曲成反 S 形，放在烤盘上，静置 15~20 分钟。

6 烘烤

 迷你烤箱
不用预热，以 1200W 烤 15 分钟。

 烤箱
预热后，以 200℃ 烤 15 分钟。

123

用干果和核桃做的王牌面包！

自家酵母
无花果核桃乡村面包

Maiko's Point!

同样的面团，可以
做出 2 种面包！

最适合当早餐了！食物纤维丰富

自家酵母
谷麦面包

A	高筋面粉…170g	B	液体盐曲…20g	C	无花果干…40g
	全麦粉…30g		自制酵母液、水…各60g		烤核桃…40g
	砂糖…10g		(如果没有液种的话，就用		
			120g的水)		
			速发干酵母…2g		

with these!

制作2种面包的面团

无花果核桃乡村面包

1

按照 p.120 步骤 1~4 的方法，将材料 **A**、**B** 混合成面团。

2

向面团撒上切碎的核桃和无花果干，用切面刀将面团 2 等分切后叠在一起，反复进行分切和叠放，至核桃和无花果干均匀融入面团（参照 p.22）。

3 将面团收集起来，放到保鲜盒中，盖上盖子，放入冰箱冷藏 8 小时以上。

4

面团膨胀至 1.5~2 倍大就可以了。

5 成形

将步骤 4 的面团 2 等分切，再取一份的半量。

6

将面团翻面，将内侧向中心折入。

7

再将面团从内侧向前卷折，形成紧绷的鼓包状。

8 发酵

用手指捏紧接口。再将面团接口朝下放入烤盘，静置 15~20 分钟。

9

用刀子横向划几道 5mm 深的口。其余面团也按同法制作。

10 烘烤

 迷你烤箱
不用预热，以 1200W 烤 20 分钟。
为了防止烤焦，可以在上方覆盖铝箔纸。

 烤箱
预热后，以 200℃ 烤 20 分钟。

材料（可做 3 个谷麦面包）

无花果核桃乡村面包面团 (参照 p.126)
　…一半量
格兰诺拉麦片※…适量
奶油奶酪…适量

with these

※ 编者注：格兰诺拉（granola）麦片可以作为早餐或零食，原料主要是燕麦、糙米、坚果，也有加入干果、蜂蜜等。

谷麦面包

5 成形

‖ maiko's point! ‖

使用 p.126 面团的一半！

按前一页步骤 **1~4** 制作面团，取出一半，再按三角形 3 等分切。

6

切口朝上，用手按压平整。

7

将奶油奶酪放在面团中间，将面团边缘向中心折起，成圆球形，用手指捏紧接口。

8 发酵

将面团整个表面沾满格兰诺拉麦片，而后放入烤盘，静置 15~20 分钟。

9

用厨房剪刀在面包上方剪一个口子。

10 烘烤

 迷你烤箱
不用预热，以 1200W 烤 15 分钟。
为了防止烤焦，可以在上方覆盖铝箔纸。

 烤箱
预热后，以 200℃ 烤 15 分钟。

著作权合同登记号：图字 132021015

はじめてでも失敗しない絶対おいしい！おうちパン教室

@ Maiko Yoshinaga 2020

Originally published in Japan by Shufunotomo Co., Ltd

Translation rights arranged with Shufunotomo Co., Ltd.

Through Japan UNI Agency, Inc.

图书在版编目（CIP）数据

自家面包烘焙教室 /（日）吉永麻衣子著；白金译 .
—福州：福建科学技术出版社，2022.11
ISBN 978-7-5335-6804-7

Ⅰ.①自… Ⅱ.①吉… ②白… Ⅲ.①面包 – 烘焙
Ⅳ.① TS213.21

中国版本图书馆 CIP 数据核字 (2022) 第 129637 号

书　　名　**自家面包烘焙教室**
著　　者　[日]吉永麻衣子
插　　画　[日]SANDER STUDIO
译　　者　白　金
出版发行　福建科学技术出版社
社　　址　福州市东水路 76 号（邮编 350001）
网　　址　www.fjstp.com
经　　销　福建新华发行（集团）有限责任公司
印　　刷　福州德安彩色印刷有限公司
开　　本　889 毫米 ×1194 毫米　1/16
印　　张　8
字　　数　200 千字
版　　次　2022 年 11 月第 1 版
印　　次　2022 年 11 月第 1 次印刷
书　　号　ISBN 978-7-5335-6804-7
定　　价　68.00 元

书中如有印装质量问题，可直接向本社调换